印刻

印刻书院

儿童的春

蒋 蘅◎编译

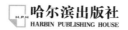

哈尔滨出版社

HARBIN PUBLISHING HOUSE

图书在版编目（CIP）数据

儿童的春 / 蒋蘅编译. — 哈尔滨：哈尔滨出版社，
2018.10
（儿童的春夏秋冬）
ISBN 978-7-5484-4086-4

Ⅰ.①儿… Ⅱ.①蒋… Ⅲ.①自然科学—儿童读物
Ⅳ.①N49

中国版本图书馆CIP数据核字(2018)第118973号

书　　名：儿童的春
　　　　　ERTONG DE CHUN

作　　者：蒋　蘅　编译
责任编辑：张　薇　邹德萍
责任审校：李　战
装帧设计：吕　林

出版发行：哈尔滨出版社（Harbin Publishing House）
社　　址：哈尔滨市松北区世坤路738号9号楼　邮编：150028
经　　销：全国新华书店
印　　刷：北京欣睿虹彩印刷有限公司
网　　址：www.hrbcbs.com　　www.mifengniao.com
E-mail：hrbcbs@yeah.net
编辑版权热线：（0451）87900271　87900272
销售热线：（0451）87900202　87900203
邮购热线：4006900345（0451）87900256

开　　本：787mm×1092mm　1/16　印张：9.5　字数：100千字
版　　次：2018年10月第1版
印　　次：2018年10月第1次印刷
书　　号：ISBN 978-7-5484-4086-4
定　　价：36.00元

凡购本社图书发现印装错误，请与本社印制部联系调换。
服务热线：（0451）87900278

序

翻译这本书的动机，译者在她的序言里已经说得很详尽了。我来说说他的特点。

这书采用的是启发式。他要求教师用问答来引起儿童的研究兴趣，用实物来让儿童亲自观察。这样，使儿童对于周围的事物，获得正确而完整的认识，而不是隔靴搔痒的或鸡零狗碎的东西。

这种自由活泼的作风，实地观察的方法，是与专读死书，只重背诵有着天渊之别的。而后一种教育方法只能造就出书呆子（不辨菽麦）跟留声机（人云亦云）罢了。

我希望这本书将有助于教师们进行真正说得上是教育的教育。真能如此，那么译者的劳力就不是白费，地下有知，也会因为自己的工作还在人间起着作用而引以为慰的吧。

何公超

一九四七年四月廿日于上海

译 序

　　这年头儿，大家都着重于儿童教育了，是的，我们一切都还得从头做起，甚而至于从儿童时期的教育做起。这虽说出版界一般情形的推移，有其时代的必然，然而从社会的见地说来，总还是进步的现象，因为以前没有的，现在有了，也足自慰。

　　本书原名 In The Child's World，编者美国 Emillie Poulsoon。译者所以移译这书的原因：第一，因为单纯地爱好它，第二，因为国内教育名家说了许多教育理论，却并没有一部实际可采用的材料，以供观摩，本书足以弥此缺陷，所以就译出来了。（特有的欧美风俗及涉及迷信者均删去不译。）此书大部分取材于自然生活，贯通全书的精神，约而言之，为科学与爱，直始引导儿童趋向于乐天、活泼、美丽的感受，对于生命的尊崇，大自然的爱好与认识。这里不是生硬的教训，而是温情的诱掖。

　　关于教育的原理，亦见其湛深，如是"马""鞋匠""花篮"（见冬之卷）等篇之"给教师"，至于教育实施的方法，则可见之于"谈话"。

　　自然，这里面有许多地方对于中国小孩子的生活习惯上，不免微嫌隔膜，这凡是译本所难免的。然而从其结构、表现、取材各方面说来，都足供我们以绝好的借鉴。故译者认为本书在教育上的价值，并不因译本而抑减。

　　本书可以讲给小孩子听，也可以供小孩子读，因适应书店出版的便利，大致随季节分成了四卷，合起来是一部。

　　译毕，写了这几句冠之于每卷之首，算是总的介绍。

蒋蘅

C目录
ontents

鱼

白鲦鱼历险记 / 002

小棘鱼 / 012

树

四棵苹果树 / 020

回音的故事 / 024

枫树的怪事 / 028

树 / 031

小柳 / 032

春天

春 / 036

北风和南风 / 042

小小的昆虫 / 049

一件奇怪的事情 / 054

佛里特列·法洛贝尔

法洛贝尔诞辰的歌 / 058

鸟

吱吱和喳喳 / 060

小黄翼 / 064

涉禽 / 070

小儿和小鸟 / 073

鸟巢

颜色巢 / 076

稻草人 / 085

蝴蝶

诚意的教训 / 090

毛虫

美丽的毛虫 / 102

农夫

家畜相骂 / 110

农夫和鸟 / 114

鸡和小鸡

失掉的一只小鸡 / 120

黄脚的故事 / 126

麻鸡的故事 / 132

鱼

白鲦鱼历险记

　　啊！这湖是多么的美丽啊！水是那么的澄清碧绿，不只是使得湖自己美丽，就是近着湖的东西也连带美丽起来了。为这湖所辉映着的，有那沿岸苗条的白皮桦树和优雅的杨柳，还有那青青的天空，金的阳光和如银的月亮，总之，近着湖的一切都是美丽的。

　　湖是很深很深的，有几处近着岸边的却很浅，沙面流着的微波，只能浮得起一片小叶。

湖的深处住着黑鲈鱼、梭子鱼和一些别的大鱼。小小的白鲦鱼和他的朋友们，是住在水浅的地方，那儿的水是给太阳照得金金的而又暖暖的。鱼们都知道上面还有一个世界，他们常常在游戏的时候，跳出水面一些，可是他们决不逗留得很久，他们也不愿知道上面的世界里有些什么。他们总觉着那儿是太亮太热和太枯燥了。

　　那些年老的有经验的鱼儿，讲着奇怪的故事给别的鱼儿们听，讲说着那些常常下到水里来的陆地上的许多怪物。这些怪物在水里笨笨地游了一会儿，便不知跑到哪里去了，可是他们还会来的，每次来总是笨笨地游泳，游完便不知去向。他们振荡着湖水，鱼儿们受了惊，只不过瞥视了一两眼便快快跑掉，到他们大家相互告诉对方所看见的东西时，才知道怪物是有很多种的呢！我不知道鱼儿们是怎样称呼他们的，但我知道野鸭、青蛙、狗和小孩子都是喜欢跳到碧清的水里去，像鱼儿似的游泳的。

　　"可怜的东西！"鱼儿们说道，"这样美丽的水世界，他们却不能长住，那是多么值得怜悯啊！他们是要好好地学习一下游泳术呢。"

　　关于那陆地上的东西，白鲦鱼们知道得很少，虽然，他

们有时也跳到水面上去，在不久之前，他们中的一个经历了一次奇怪的历险，知道了许多陆地上的东西。

他在水里穿梭似的穿来穿去，追着他的玩伴，快乐地翻着筋斗，突然觉得转来转去总是在一块小地方里转，而且朋友们都不知到哪里去了。这自然不会再是湖里了，湖是很大的，也不是他常常去的通到外面去的小河流。那白鲦鱼只认识两个地方——湖与河。他不知道此外还有些什么地方，也不曾见过水世界之外的别的世界，更不知道比黑鲈鱼更大的动物。你看他是这样小而年轻哩，比一条鱼婴儿才大一点点呢！

当他在那铁桶里打着转时——原来他已经被捉在一只铁桶里了——他忖想着，这是湖的什么地方，何以他不能再游开去，还有，他的朋友都到哪里去了？

他正思量着，一个黑影映在水里，小白鲦鱼想，那大概是夜了。事实上，那不过是一个小孩子的头影。菲列，他俯着头，看看桶里放了些什么东西。

"呵呵！白鲦鱼咧！"他说，"我真想不到会捉着一尾白鲦鱼，这东西再活泼不过了，我以前曾试过多少回都给他逃了去。看，亮晶晶的多么好看哟！"

"让我看看，菲列，让我看看。"另一个声音说，一个头影又探到水桶里来了。

"呵呵！多可爱的小鱼啊！看他游得多么快！他的口这样大，眼睛又这样大咧！菲列，我们现在就拿回家养起来！"

"好的，"菲列说，"我们把他放在金鱼缸里。"

两个孩子爬上岸，一直奔回家里。提着桶指给妈妈看，他们捉着的那尾小宝贝。

"金鱼缸呢，妈妈？给我们好吗？看！这不是很可爱的小东西吗？闪闪的在耀着银光哩！"

妈妈也像孩子们一样高兴，她从架上拿下那只玻璃缸，给他们注上清洁的凉水。

"亲爱的孩子！"妈妈说，"我想，我们可以把这小小的东西，快乐地养一会儿，可是你们要当心看守着呢！玩一会儿便放他回湖里去，我知道，他是爱着他的湖和他的朋友的。"

菲列和他的妹妹听了妈妈的话，一点儿也不沮丧，因为他们常常捉着一尾鱼，也总是玩一会儿便放掉了。他们很清楚怎样小心地去玩。

"我们把这缸也弄得像湖似的，"菲列说，"我们捉他的那地方，不是有许多的沙吗？让我放些沙到缸底去。"

　　"还有石子呢！"耐莉说，"我昨天拣着了两块美丽的石子。"

　　缸布置完了，他们轻轻地将桶里的鱼倒进去，轻轻地，小白鲦鱼竟没有觉察呢！

　　他看见了缸底的沙，立刻躲在上面，他想了一分钟，以为回到湖里去了，可是他立刻觉着仍旧不是他的湖，仍旧是只有他一个。他思量一直游过去，他触在玻璃缸上了，这使他疑惑得很，怎么清得和水一样，而又会这样硬的呢？他在湖里从不曾看到过这种东西，我想年老的鱼大概会以为是冰的。小白鲦鱼游不过去，他知道这一定不是湖。他开始小心地研究着，他想，这至少是一个可爱的地方吧！

缸底的沙和小石子，是十分像家里的，他一样可以游戏，可是，自然啰，他是没有朋友了。

石子是分开放着的，在当中游泳和绕着打圈子是最有趣不过了。缸里的水很深，他还可以浮上浮下地游玩，小白鲦鱼觉着这个家很好，虽然比不上他的湖，虽然没有朋友终究是感到寂寞。

他一边游着，一边想着（鱼也有脑子的），菲列和耐莉却蹲在一旁咧开了小嘴看着他。他们快乐地看他在石子里穿来穿去，看他沿着缸边游泳，有时直着身体，有时摆向这面摆向那面。

孩子们奇怪着，小白鲦鱼不知也曾静止过没有，他们看见他有时虽然浮在水面上，也仍轻轻地懒懒地摆动着鳍，或摆动着尾巴。

妈妈是有问必答的，他们最高兴听妈妈告诉他们的话。他们看见小白鲦鱼用他的大口吞着水一开一合的，再从他的鳃盖子里流出来，妈妈说，鱼就是这样吸着水里的空气的。

"我想银光这名字和小白鲦鱼很相配。"菲列说。

"是啊,"耐莉说,"可是我们这一尾小白鲦鱼要另外起一个名字。"

妈妈说了许多名字出来,银鱼啦,泼水啦,小斑啦,小活泼啦,水上飞啦等等,最后孩子们决定了叫做活泼的小银鱼,"他是要有两个名字的咧,"耐莉说,"正和我们也有两个名字一样。"

两个孩子整天都伏在玻璃缸的旁边,想尽了话来赞美他们生动的小宝贝,惊讶着他的闪光的鱼鳞,薄纱似的鱼鳍,圆圆的异样的眼和那有趣的大口。

　　第二天孩子们一醒来就记挂着活泼的小银鱼，他们看见他仍旧和昨天一样的生动可爱活泼地在水里游着，窗外的阳光射到玻璃缸上来，映射着更加好看了。

　　菲列用一只小杯子放到缸里去，汲了几次才把他汲着了。耐莉早已盛好了一桶清水等着，立刻将小银鱼放了进去。

　　他们飞快地提到湖边。因为他们知道小银鱼一定也急急地想把他所经过的所看见的事情告诉他的朋友，所以他们一定也要急急地送他回家才好。他们走到了昨天捉小银鱼的地方，把水桶放到水里去，看着小银鱼游过桶边，游到湖里去了。

　　"小银鱼跑了，"菲列说，"看哪，那儿有一大群呢，谁是我们的小银鱼也认不出来了。"

　　耐莉默默地看着那激荡的水波漾散开去。"我想，小银鱼一定很喜欢回到他自己的家去的。"他说，"那比独个儿的住在玻璃缸里要有趣得多了。"

　　这时候，小白鲦鱼是多么快乐啊！他能够很舒服地游开去，而且左右闹哄哄的，又有这许多朋友。

　　别的小白鲦鱼看见他回来了，并且听见他所说的话，一时骚动得不得了，觉得都是从未听见过、从未看见过的稀有新闻，这个小白鲦鱼历险的故事，在水世界里流传了许久。

小棘鱼

一天，有一条小鱼在河里游泳，他不知做些什么事情才好。他一直都是像别的小鱼般快乐的，可是他现在已经长大些，他觉着除掉找食和游玩之外，还应该做些什么别的事情。

真的，那儿是有许多有趣的游戏。你们以为只有孩子们才晓得玩捉迷藏、赛跑等的游戏吗？不啊，这些游戏鱼儿们也都晓得，他们在水里是很快乐的。

"可是玩得太多也没趣的啊！"小鱼想，（他真是一个聪明的小东西！）"除掉游玩，找些什么事情做做才好。"他缓缓地一直游向河边，他穿进那些水草里。忽然，他看见有些什么黏在一根水草上。

"啊，多么美丽，多么好啊！"他想着，正要游过去看个仔细时，一个很急的声音在他的旁边说道："朋友，这儿没有你吃的东西！"他一看，才知道已经和另一条小鱼走得鼻碰鼻的贴近了，那条小鱼正怒冲冲地看着他。

"吃？我才吃过，而且吃得很好，肚子还没有饿呢！"小棘鱼说，"我不过在赞美那一个小窝，这里是不会有危险的吧，朋友，你以为怎样？"他低声下气地答着。

那条小鱼听见小棘鱼这么一说，也就心平气和了，他带着些微抱歉地答道："我以为你是寻蛋来的，虽然我现在还没有蛋，可是我最恨那些偷蛋的人。我身上有刺，我是要保护我的窝和我的蛋的。"

"我也是的，我决不责怪你，"棘鱼说，"还有，说到刺我也有的，你的一族是不是叫做棘鱼的呢？"

"是的，是的。"那一尾鱼说着，一边摆着他的右鳍移近来了一点儿，"可是我叫做紫棘鱼，看，因为我的颜色是紫的咧！"

"我也是棘鱼——红棘鱼，因为我是红色的，这样说来，我们是近亲呢！真是可喜得很，我们来玩一回赛跑好吗？"他们有力地摆了摆尾巴，如飞地游向下游。

他们真是美丽极了，一个深紫，一个鲜红，闪耀出奇异的光彩，在水面掠过，一会儿他们又回到那丛水草边来，因为紫棘鱼不愿离开他的窝太远了。小棘鱼说道："我知道我该做些什么了，我也要像你似的自己做一个窝。"

"很好，"紫棘鱼说，"这儿已经有许多房子了，我想并不是一个怎样好的地方吧！"

　　红棘鱼觉着玩了这么久已经足够，他便在水草堆里望来望去，要找一根坚硬的，可以支得住他的窝的水草，他找着了。

　　"虽然这里浪过后，河水流得急急的，"他自言自语道，"但我可以造得坚固些。"于是他动手做窝了。他咬下叶子，衔到他选定的那根水草上，用他自己的一种胶黏起来。他一来一去地跑着，衔着，胶着，耐心地直到黏成了一块小小的窝底。

他停下，快乐地看着，想想还要做些什么。"好像太薄和太轻了。"他说。他看见那个小窝底虽然胶在水草上，也还是给水冲得摇荡荡的。"我知道怎样才能弄得他不动了。"小棘鱼飞快地贴拢他的鳍，倏地游到河底去，那儿是有许多沙的。他想，拿些沙放在窝里，便重重地垂着不会动了。你一定想他一条小鱼，既没有手没有爪也没有脚，怎样能拿取散散的沙粒呢？可是请慢些奇怪，他有一个极好的法子，他会用口来衔，他再升到水草里，小心地将口里的沙粒吐在窝底上，这样来回了几次，窝底已经铺满了沙粒，重重的不再给水冲得摇荡荡了。他试着用尾巴拍拍，在水里翻着激着浪花，也不会把那小窝动得丝毫。

　　"这样，很好了。"他自己说着。"现在可以筑墙咧！这窝儿造成了一定是很美丽的。"他说着，再来往地去咬叶子，衔着，胶着，他造得很慢，你要知道，他是没有锥，没有锯，没有手，没有脚，也没有爪的。慢慢的，那叶子围墙高起来了，最后造了一个顶，也是用叶子和胶黏成的。他一边筑着，一边不停地擦着窝里面的墙，擦的时候，身体里有一种黏性的东西，也跟着流出来，干了，便光光的好像涂了漆似的，所以他的房子里面是很光滑很美观的。

棘鱼的窝，并不是和鸟窝一样在顶上开洞的。他很像一只琵琶桶，大小和我们的拳头差不多，房子里有两道小小的门口。他造完了，快乐地穿进穿出，很得意地看看他光滑的墙，稳固的地板，和那刚好够他穿进穿出的小门口，他看看一切都很完满了，才慢慢地游开去。

　　他出去了许多时候，可是当他回来时，他已经不是孤零零的一个了。他带了一位棘鱼夫人回来，你想，他指给他的夫人看他的小窝时，是多么的得意啊！她自然也是欢喜得很。

　　渐渐棘鱼夫人生了一窝的蛋，这时候，棘鱼先生（我们要称他做棘鱼先生了，因为小棘鱼已经长大了呢！）真是忙极了，他非常担心他的蛋，因为如果给别的饿鱼找着了，是会被他们都吃掉的。棘鱼先生牢牢地守着，他从这一个门口游到那一个门口，看看他的小蛋是否平安，有否什么敌人在窥视。

　　他很少离开他的两个开着的门口，自然那是很辛苦的，可是我们聪明的棘鱼先生，他知道他的小蛋

是要有新鲜的清凉的河水漂着，才能孵化的，所以他总是在两个开着的门口外面巡来巡去。除掉看护着小蛋之外，棘鱼先生还要不时将压在底下的蛋，翻到上面来，因为这样才能使每颗蛋都受着新鲜的河水的营养。

这样过了几星期，棘鱼先生是更忙了，因为所有的小蛋都孵化成小鱼了，千千万万的小棘鱼了。

前门，后门，前门，后门——棘鱼先生好像一个凶恶的小兵似的守卫着，提防那些饿鱼会跑来。小棘鱼是怎样的呢？和爸爸似的，一经孵化便开始游到窝外去，"进去，进去，乖乖，都到里面去！"他看见他们穿出了前门，便这样说着，可是有一两个又从后门溜出去了。他们是很小的，不懂什么事情，所以棘鱼爸爸立刻鼓着鳍追赶着，一次一个地把他们捉回窝里。棘鱼先生怎样捉他的孩子们？正和他造窝时带沙一样，衔在口里。他才把两个逃跑了的孩子推进洞里，前门又有两个逃走了，他只得又追去把他们捉回来，自然啰，棘鱼先生这时候是多么的提心吊胆啊！

可怜的爸爸，当他筋疲力尽时，他的美丽的颜色，也跟着暗淡了，可是等他的孩子都乖乖了，他的颜色是又会鲜明起来的，如果有敌人游近，他为了保护孩子们而和敌人交战，那时棘鱼先生背上的鲜红色，一闪一闪的，格外显得有光彩了。小爸爸是很勇敢的，无论比他大多少的鱼，他总竭力地把他们赶走了为止。

小小的鱼孩子们长得很快，不久棘鱼爸爸便放他们到门外，游出水草丛去。在水里，教他们游玩着他小时候玩过的各种游戏。

他们玩得正高兴的时候，紫棘鱼和他的孩子们也来了。"我们来赛跑，你和你的孩子们做一队，我和我的孩子们做一队好吗？"他说，刹那间，两队鱼儿箭似的向前游去了，这是很好看的。他们的薄薄的鳍子摆着，他们的身体闪着，他们的颜色——美丽的深紫和鲜红——在水里掠过时，你真会以为一道彩虹掉在水里了。

赛跑的结果如何，我不知道，但我知道这时一定有好些小棘鱼已经长大了，他们自己做了窝，恐怕也正和他们的爸爸一样忙，一样担着心事，在看守他们的孩子了。因为凡是棘鱼爸爸都是这样过来的。

树

四棵苹果树

　　许久之前，有一个人想有一个果树园。他差了人去买小树，因为他知道种小树可以快些成长。可是不幸得很，树运到时，他刚巧有事情要到外地去几天。这使他很是着急，因为如果不立刻把树种起来，他恐怕那些小树会枯死，然而他又断不能为了这些树而延搁了公事。这时，有一个人来找工做，他便问他："你会种树么？""会的。"那人说。"那么，你把这几棵小苹果树种起来吧，我思量种一个果园的树，那些有石子做下记号的地方，你便种下去好了。"

　　四天之后，果树园的主人回来了，他连忙去看他的果树园。

　　"怎样？"他说，"只种得四棵树吗？"

　　"我是把所有的时间都放在里面了，"那人说，"我掘了一个大洞，好让树根伸展，我从树林里运了上好的泥土回来覆盖，好让树能得着好的营养；我把树竖得笔直，才小心地种下。于是时间都花费了，可是这四棵树都种得十分好。"

　　"这样太慢了，"果树园的主人说，"我一天便能把所有

的小树都种好。"

　　于是他自己动手种了，他并不将地洞掘得大和深，因此当他栽下去时，嫩嫩的根都被他弄折了。他又不去运取好的柔软的泥土来覆盖，树儿都得不到好的营养。

　　这些可怜的树儿活是活着的，可是他们永不会强壮，永不会结出好的果子，最后都被砍掉了。所有这些小树里，只有那四棵曾经好好儿培植的，还留在那果树园里。

　　这四棵树现在已经很老了，他们曾结了不知多少年的甜美肥大的苹果。

回音的故事

树林里，清冷的河水流着的地方，住了许多美丽的森林仙子。她们爱在闪烁的太阳光里，在跳舞着的树叶子底下游戏，人们有时也能看见她们浸在小河里的雪白的脚胫。

有个快乐的仙子，名叫回音，她最喜欢玩着小诡计，作弄她的同伴。"月桂仙子，来，快些来。来看啊！"她有时这样叫喊着，待月桂仙子跑来，她自己却躲到一边，直到忍不住嗤地笑出来了，人家才知道她在哪里。

回音还很爱说话，她不耐烦听人家的话，但自己却常常喋喋地说个不休。一天，她看见一个牧羊人坐在一块石上，看守着他的羊群吃草。她发觉有几只羊儿已经离群跑远了。她想这正好作弄一下那个牧羊人，她只是和他说笑着，使他忘记了照顾他的羊群，一会儿，所有的羊都不知跑到哪儿去了，回音看着那牧羊人的愁苦的脸，得意地一笑，丢下他跑了。

起初，别的仙子听她说着作弄人家的事情，也常常被她引得发笑，和她似的觉得很有趣，可是她无时无日的，不断

作弄着人家。而且她玩的把戏又都是弄得人家非常难堪，因此，渐渐她的同伴远离了她，游戏的时候也不邀她入伙了。过了些时候，她还是脾气不改，别的仙子便索性避开了她。

　　一天，碰着天后到这树林里来，回音叽叽咕咕地只是和她缠个不休，最后，天后责罚了这一个饶舌好作弄人的仙子。

"因为回音说出来的话和做出来的事情都是烦扰人家的，我将罚她，"天后说，"如果人家不先和她说话，她不许说话。人家说什么，她只能答应，而没有和人对话的权利。"

回音羞愧而懊恼地跑进了深林，从此，她一直孤独地在那儿居住着。她是很少被人看见的。有一个行路人说，他有一回在树林里迷了路，天黑了，他大声喊叫着，希望有什么人见了会来救他，他好像听见有人回答了，但不知声音从哪里来的，他再叫道："这儿来呀！""来呀！"那声音答着。"你在哪里？"他问。"你在哪里？"那声音也同样地问。最后，他耐不住了，"不来滚蛋吧！"他怒了起来。"滚蛋吧！"那声音也像发怒似的。此后，他不闻声了，到他找着出路时，却遍树林里都看不见有什么人的足迹。

到现在，清静的地方也还常常可以听到回音的声音——可是那要有人先向她呼唤她才会应答——如果你笑着和她说，她笑着回答你；愁着对她说，她愁着回答你。她自己呢，却从不把她的悲哀或快乐表示出来的。

枫树的怪事

卫儿住到乡里去时，他简直不知走到哪儿去才好，因为处处都有许多东西可看，有许多东西可听。

他踏雪，滑冰，看守冬天的小鸟，帮着饲喂牛马和鸡雏。房子的后面有一丛枫树，雪不深的时候，他是喜欢在那儿玩耍的。

枫树丛里有一间小木屋，卫儿常常问他爸爸，这小木屋是做什么用的，爸爸总是这样回答："到春天才告诉你，这些大枫树有趣得很呢！"

一天早晨，已经是早春天气了，太阳暖暖地晒着，雪已开始融化，爸爸说道："卫儿，早餐后到那所木屋子里来找我。"说完，他急匆匆地去了。卫儿飞快吃完早餐，就跑出去，可是他被迎面的一棵枫树吸引住了，因为他看见有一只亮晶晶的铁桶挂在那里。他思量着，这是从哪里来的咧。他正想跑过去把那桶拿下来，走到树边，才看见原来是挂在一条插在树干里的管子上的。从管子里有些像水似的东西流出来，一滴一滴地滴进桶里。

他向周围看了看，看见每棵枫树上都插着管子挂着铁桶，这可真怪极了，到底是怎么一回事呢？

他跑到小木屋，看见爸爸已经生上火，火上吊着一只大铁锅。"爸爸，"他说，"为什么树里有水流出来呢？这锅子要来做什么用的？你生火干吗？""我忙得很，"爸爸说，"妈妈来了你问她吧，你且看我们做就是。"

于是妈妈告诉他，枫树在冬天是要睡觉和休息的，要经春雨淋过，太阳晒过，才会醒过来，醒来后有一种液汁在他身里流动，从树根一直流到丫枝。"树是用不了这么多液汁的，"妈妈说，"所以爸爸用管子插进去取些出来，你以为是水的那东西，便是树干里流着的液汁，他流到那截树干，便随着那管子口流出来了。"这时，有几个人提着满满的几大桶枫树液进来，倒在那只大锅子里，爸爸给妈妈和卫儿喝了一些，那好像

是清水里加了一些糖，但卫儿还喝不出糖味来呢！

他们看见那树液在锅子里煮沸了，啪啪地起着泡沫，隔了一刻，爸爸就用他的大汤瓢撇着面上的渣滓，渐渐，渐渐，锅子里的树液变得很澄清了。卫儿说道："这味儿好像枫糖浆呢！""这不就是吗？"爸爸说。他煮好了，便把树液倒在一些大盘子、小盘子、中盘子里，这时候的树液已经很浓很甜，成为棕色的了。卫儿知道，到这些糖浆冷了硬了时，就是枫糖。

妈妈说："枫树是有好多种类的，不过就只有这一种含有糖质，可以煎糖。你知道这叫做什么枫树吗？"卫儿想，这一定叫做糖枫树，是的，卫儿一点儿也没有想错，这正是糖枫树啊！

树

树的叶儿才发芽，

霜拂过树身说道："我要打掉他。"

"不啊，让他们留着吧，

直到开了花。"

树儿全身发着抖，向那寒冷的天哀求。

树开花了，所有的鸟儿们都唱歌。

"我要吹掉这些花！"风说着，笑呵呵。

"不啊，让他们留着吧，

直到累累结满果。"

树儿抖着叶，惊惶失措。

树结果了，是在炎炎的夏天，

小女儿说道："我采些好吗？这果子好新鲜！"

"好的，好的，这都是给你的，

采吧，随你的便！"

树儿低低地弯下丫枝，把甘美的果儿呈现。

小柳

小柳醒了，

冬睡够了，

因为春天的和风，

已在她门外呼叫。

"天气冷呢，

虽然太阳很好，

我还是裹上毛衣，

把身体保护得周到。"

小柳小柳，

开大了门口。

这样好的阳光，

啊！从来没有。

啊！没有没有，

这样满满的河流；

“早呀，欢迎得很，
亲爱的小柳！”

小柳进城了，
谁有她的雅致，
银灰色的头巾，
棕色的外衣。

快乐的娃娃，
看见了笑哈哈，
“春天来了，来了，
看，不是小柳出来了吗？”

春天

春

三月里的一天，年老的冬，从时光老人那里接着了一封信，说春就要来接管地面了，冬该快些去休息了。

冬立刻打开历本一看，"真的，真的。"他说，"一两天内我是一定要去了，大概每个人都欢喜着吧。"他说着，略略露出了一点儿不高兴的神色："他们常常想，最好我能够快些归去！"

"可是，当你再来时，他们也是欢喜着的啊！"北风轻哨着，"初下雪和初结冰时你不记得孩子们是如何的欢喜吗？花草们如何的欢喜着，有个机会可以休息休息吗？有许多动物是可以借此甜蜜蜜地睡一觉。如果你到时不来，那要不幸成什么样子，恐怕他们还不知道咧！"

"是的，朋友！"年老的冬展颜笑了，"如果我忽略了我的职务，春夏秋也不能进行他们的工作了。因此春来了我便走，回去好好地休息一下，到十二月再来。"

几天之后，冬动身回去了，春开始管辖地面。可是谁也不知道冬和春已经交替了职务，因为冬还有许多侍从不曾走，春也不能立刻就把她的工作做起来。冬天管辖过的地面是光秃和荒凉的，她第一件事就是要把地面装得美丽，可是没有人帮助，她怎能弄得好呢？

于是她最先跑到太阳那里，"好太阳，"她说，"如果你喜欢，请每天给我些明亮的光和温暖的热，因为地面是这样秃、这样硬和这样冷咧！"

太阳不说什么，只是坐在他的金火的家里笑着，因为他的使者——阳光，已经投射到地面，每天早去晚回的，答应了帮助春装点地面了。

春知道，只有阳光和她还是做不起工作，她便去对风王说道："好风王，北风在冬那里服役得很好，可是他不会做我的事情，请唤他回到你这里来吧！温和的南风，我想要他常跟着我，东风和西风，到我需要他们时便请他们来帮助帮助好吗？"

风王答应了，东风南风西风也在岩洞里哄哄地嚷闹起来，南风飘荡起一阵和风，告诉春他们已经准备好了，静待着春的差遣，他们都愿意帮助她装点地面。

于是春和阳光和风们大家开始做工了。

阳光一声不响地射到这里，射到那里。他们融化了冰和

雪，把水面的轻汽带上天空，使它浮在轻软的云头里；他们
暖和着泥土，用金色涂抹着水波，使天空显得更清明爽朗。

　　风也伴候着，春想要下雨了，便招东风来，他立刻把阳
光所收来的云里的水汽都驱下。"人们以为我和阳光是不相
干的，真是错极了。"他说，"如果阳光不把水汽带上云端，
我不把水汽驱下，人们又哪来雨呢？是的，我也带了些水汽
来，可是没有云端里的也是不够的啊！"

　　东风展开了他的灰色外套，雨点急急地下到地面上来
了。他们流到这里滚到那里，他们松软了泥土，滋润了干枯
的树根草根，帮助树液流动，洗去了万物的尘埃，充盈了一
切的溪河。雨点们还解松了地下的种子们的衣衫，掀起了小
柳的棉被，脱去了凤尾草过冬时戴着的皮帽子；他们滴滴答

答地惊醒了花和草，可是睡得正浓的花草不愿起来。他们打着瞌睡说道："春是不要我们这样快起来的，时候还早，天气还冷咧！"

冬风起着时，春也冷得有点儿发抖，可是东风和雨点是很有益于万物的，因此她是情愿受着寒冷和湿气。"谢谢你小雨点！谢谢你，东风！"她说，"你们都弄得很好，现在该让阳光来射一回了，南风，南风你也来呀！"南风是预备好了的，他立刻从温暖的地带到来，鸟儿们都是在那儿过冬的，南风来时，带回了几只知更鸟和百灵。

"可爱的小东西！"春爱抚着说，"你们的到来使我多么的欢喜啊！你们唱得这么悠扬动听！飞吧，飞到各处去吧，让人们听见你们的歌声，永远留下你们快乐的影子。"

春遥望着他们的背影说道："百灵真是一只快乐的小鸟，知更披着淡青的羽毛是多么美啊！我知道他们飞到哪里，定能把快乐带到哪里的。"

"他们是为你而歌唱的啊！"南风在春的耳边低语着。

春欢迎鸟儿们时，南风是不断地在做着工，他首先掀开了东风抱着的那件灰外套。

"请拿掉它吧！兄弟，"他说，"于我没用，而且阻碍我行事呢。"说完，他便和阳光一起，把地面和空气吹晒得干干的暖暖的，催促着万物快些生长。

南风唱着甜美的快乐的小歌，阳光射到种子和那些半瞌睡的叶儿花儿上，于是他们都醒来了，从他们长长的冬眠里醒来了，比以前来得更鲜明更美丽。

可是春还不曾完结她的工作，她召了西风来。西风已经知道该做些什么了，他吹到这里吹到那里，吹拂着山边和草原，把所有的黄叶儿，那曾经在冬天里盖着花儿草儿树儿的根苗的黄叶儿，都吹掉了。于是他再和阳光一起，到森林里去，吹干了潮湿的青苔和树干，迎接着那熊儿、土拨鼠和松鼠，他们睡了一冬，都跑到外面来舒展肢体。西风唱着比南风响亮的音调，阳光射着闪耀的光线，柔媚的水光掩映着彩色；匆匆的河流奏着音乐，鱼儿箭似的在碧波上穿来穿去；青蛙咯咯地唱歌，小虫儿在明朗的空气里游戏，鸟儿们吱吱喳喳地互相叫语。

春得意地看着，一边倾耳听着，看见冬管辖过的光秃、寂寞、荒凉的草地，现在是盖满了青青的草，点缀着美丽的鲜花，每一棵树都随风拍着小小的嫩叶子。所有她的美丽的花儿——谁的花会比春天的更美丽呢？——水仙，番红花，郁金香，蒲公英，紫罗兰，都一一地在她面前排列着。

春快乐地笑了笑，世界上是给美丽装点得这样辉煌灿烂了，而她的工作呢，也完结了。

北风和南风

一天，北风和南风在一片田边遇着了。前一夜，北风下了一些雪，可是南风跟着也吹了起来，几乎把他的雪都融尽。只剩下一些，这里一片，那里一片的，白白的留在河岸上。

他们走近了，南风说道："早呀，兄弟！遇了你，真是快乐得很，虽然你喷着的口气，我觉着有些太冷。"

"遇了你，我是一点儿也不快乐，"北风说，"为什么你这么快就融掉我的雪，一天也不肯让他留着吗？"

"现在是花儿草儿的时候了。兄弟，你该知道，我是不能不这样做啊！"温和的南风说。

"但，那也无须这样着急，"粗暴的北风说，"朋友相见，是要有礼貌些才对啊！"

"我叫起了雏菊，唤醒了玫瑰，"南风说，"五月初我便要使所有的田野发绿，我怎能延搁时间呢？看！前面的草原多么枯黄，这些树，又是多么光秃！太阳光里，一只金蝇也看不见，一只乌龟也不曾爬出地洞。"

"我不管你的什么雏菊，什么乌龟，"北风叽咕着，"你愈想我快些去，我便愈要留着，不立刻走。"

"整个冬天，不都是你的了吗？"南风说，"不都是随着你的意思：冰结了河流，赶掉了我的蝶儿鸟儿，雪盖了田野、道路、草丛、仓库了吗？那时，我偶然在明亮的早晨来看一看你，你不是立刻便把我赶出门口吗？不管我一直站到太阳西下。"

"冬天是我的时候，"北风说，"自然不许你来了。"

"那么，很好！"南风说，"春天是我的时候，这时的田

野该是我的了吧。"

"你想得太称心如意了，"北风说，"我是比你强，我能飞到极远极远的地方，能够看见你从不曾看见过的东西。你知道我今早来自什么地方吗？"

"猜不着，请告诉我！"南风低着声音说。

"我是从北极飞来，那儿的海是结冰的，地面是盖着永不会化的厚雪。那儿住了无数的白熊，我几分钟前，才看见一只白熊，打碎了河上的冰蹲在那儿捉鱼。"

　　"可是你却从不曾见到我家乡里的奇景呢！"南风说，"我来自远远的热带，那儿雪花永不会下，霜永不会残害草和花，那儿住着无数的花豹，昨夜我才看见一只爬在大树上，守候着有什么别的兽类走过，可直扑下捉来充饥呢！"

　　"可是我看见爱斯基摩人，"北风说，"他们披着奇形怪状的皮衣，住在雪堆成的房子里。他们在冰上和凶猛的海象恶斗，在浪涛里抛着小舟，枪刺那花茸茸的海豹。我看见那北极光，红红的非常美丽。在天上射着好像光明的火，夜里是差不多也像白天一样。于是爱斯基摩人驾上他们的狗，拉伯兰人驾上他们的鹿，他们飞快地滑过了冰地。昨天，我尽力地吹，一直把野地里的冰都吹到海里去了，冰上有着一只白熊，他就驶了他的冰船，渡海到了冰岛；我飞过格陵兰岸边的峭壁时，看见了棉凫在孵卵，每一只都用他们自己胸膛的软毛热着窝；我振声一呼，整千的棉凫——不，整万的棉凫都飞上了天空，直把天空遮盖了半边。"

"请让我问问你，"南风喃喃地说，"在你那冰山冰海里，也曾听见过金莺和反舌鸟们的歌声吗？那是在我的家乡里，天天都听得见的。你看见爱斯基摩人住在雪的房子里，我是

看见树底下的印第安人的小木屋。我有时吹送着他们的独木舟，在平静的河流里，激起了些微的涟漪，岸边树木森森，棵棵的枝儿都是连理。红的火鹤在水里游行，猴子和鹦鹉在高高的枝头谈心。我看见巨大的蟒蛇盘在树丛里，看见鳄鱼游下水。我的家是在蔗田里和橘树林中，我静静地在那儿睡着，醒来便随意地散散步。我使地面变成碧绿，我使每棵树每株花长出叶蕾和花朵，我决不使地面干枯、荒凉和冰冻。"

北风和南风的谈话，河都听见了，他说道："你们为什么要各自矜夸，大家斗着口呢？为什么不好好地说着自己家乡的奇风异俗呢？你们是不想换家的吧？"

"不，"他们齐声说着，"我们只爱自己的家乡。"

"那么，"河说，"你也好他也好，还吵些什么呢？你们两个我是都喜欢，我喜欢北风在冬天里冷冷地吹来，把我盖上了冰，于是快乐的人们，能在我的面上溜冰玩了。我也喜欢南风在春天里软软地吹来，吹得我的堤岸光滑滑的，吹醒了沿岸的青蛙们，使得渔人逐流撑小舟，孩子们跳下水来游泳。好，我们大家都做着好朋友，大家相互地爱着，满足着自己的天赋吧！"

于是北风说道："我也愿意大家重新和好。是的，南风，春天是你的时候，我不再留在这儿伤残你的花儿了，我立刻便回到我自己寒冷的家乡去。"

南风也说道："我也有冒犯的地方，兄弟，请忘记了吧！到十一月再来时，我便把山林田野移交给你，请收下这株常青的小枝来做纪念，让他永远青绿着，直到我们重相见。再会了，兄弟。"

小小的昆虫

  有一只小小的昆虫全身不过像我们的一只手指儿大小。这小虫儿住在一所小房子里，那所小房子是他自己在地上钻成的，刚好够他把身子蜷成一个小圆球似的时候睡觉，他的房子没有窗也没有门，就是顶上的那个洞，给他出进和在里面的时候看看野景。他钻成这所小房子后已经很疲乏了，便蜷在里面睡觉，一直睡到天亮。

  早上，太阳升起来了，他的光一直照遍了全世界，一线光亮从小窗射进了小虫儿的小房子，射到小虫儿的眼睛上。

　　小虫儿觉醒了，他抬头向外面一看，园子里充满着愉快和光明，他便想出去散散步。

　　他蜿蜒出了洞外，因为小虫儿是没有脚的，他沿着园子里的小路轻轻地蠕行。暖暖的阳光围裹着他，他冷的身体暖热了，光线耀着他的眼睛，他全身都觉得光明了，鸟儿们的歌声送到他的耳朵里，他觉得陶醉在音乐中了。千百种的花香钻进他的鼻子里，他觉得满鼻芬芳了，小虫儿慢慢地蜿蜒着身体，他欢喜着，自乐着。

　　在这个园子当中有一所房子，里面住着的小男孩儿才不过四岁。早上，阳光照进了小男孩儿的房间，唤醒了小男孩

儿，他起来洗了脸，穿整齐了衣服，吃过妈妈给他预备好的早餐，妈妈让小男孩儿通过那走廊到园子里玩耍，曝曝那春日的暖阳，小男孩儿跑到园子里来了。

现在，倘若那小小的孩子，一脚踏在那小小的虫儿身上，虫儿立刻要变成泥酱了。但是小男孩儿决不愿意做这么残忍的事，他看见小虫儿那么愉快地在生活，他小小的心里非常欢喜，他蹑足在小路边跑过去了。于是小虫儿吃一些小草叶儿，饮一滴露水，吃得饱饱的爬回他的家中——那小洞里。他玩了半天，倦了，慢慢儿地便睡去了。

一件奇怪的事情

一个可爱的秋日里，栗鼠先生在树林里游戏，他走近一大堆丰美的橡实时，他大叫道："呀！这样好的东西！我将掩埋起来留到春天，待我仓库里的栗子吃完，便可以来吃这个了。"

小小的橡实听见他这样喃喃自语，不由得低低笑道："哈哈，栗鼠先生，春天还有很多时候呢！那时，你不一定能找到你的橡实了。橡实妈妈告诉我们的，如果我们乖乖地躺着睡觉，到来年春天，便会碰着一些奇怪和美丽的东西的。"

橡实们在栗鼠先生把他们埋下的地方，静静地躺着。他们渐渐听见北风在上面吹叫，可是金黄色的叶子落下来了，一片一片地落下来，厚厚的，把他们盖得很温暖。

寒冷之神也来了，雪花像柔软的羽毛似的，轻轻地覆在他们的床上；风透过树林，呜呜地给他们唱着催眠歌，于是他们沉沉地睡去了。

他们醒来时已经是暖暖的，四周映着明媚的太阳光。

"我想，我们就可以掀掉这些重重的毯子，伸出去看看晴朗的天空了，我已经觉到太阳的暖气了呢！"一粒说："我能够移动了。"第二粒说："我的棕色壳爆裂了，我可以伸出来了。"第三粒也叫了起来。渐渐，小小的根儿伸入泥里，小小的碧绿的芽儿，从黑暗里伸到光明的世界上来——那是一个完全和地底不同的光明华丽的世界。

那儿是有美丽的花、碧青的草围绕着他们，每棵树上都长着新的小叶子，鸟儿们在枝头唱歌，小小的橡芽们，几乎不认识橡树妈妈了，她是碧青的，这样笑逐颜开。

　　小小的芽儿快乐得很，他们知道，他们将会像橡树妈妈一样，一年年地升高和一年年地加增美丽。

　　一天，栗鼠先生跑来看他的橡实，他走到那地方，看见了许多小的橡树，他奇怪得很，分明记得他们站着的那儿，正是他去年掩埋橡实的那块地方呢！

　　"啊哟！"他想了好一会儿才说道："大概是别的饿栗鼠来把我的橡实搬走了吧，可是谁又种下了这许多绿东西在这里呢？"

佛里特列·法洛贝尔

法洛贝尔诞辰的歌

让我们今天快乐地唱歌，
为一个亲爱的朋友唱歌，
他为我们思想，他为我们工作，
他的名字永不消磨。

他为了小孩子，
创设了许多快乐的游戏，
我们今日纪念他，
大家欢欢喜喜。

鸟

吱吱和喳喳

　　一只麻雀，他和许多鸟儿一起，住在一个公园里。一天早晨，因为歌唱得太早，打扰了别的鸟儿们睡觉，得罪他们了。他们召集全体开了一个会议，决定要他和他的妻子另找地方去住。麻雀不服，他说他和他们有同等权利，喜欢住在哪里便住在哪里。

　　"这些树并不是你们的，"他说，"我也没有做错什么事，天不亮我是不起来的，起来了也要隔几分钟我才歌唱，那时所有勤快的麻雀都要弄早饭吃。那一早晨，我未开声以前，

已经听见雄鸡啼了，你们以为一只麻雀比雄鸡还懒，是不害羞的吗？"

别的鸟儿们听了这些话都无话可答，因为麻雀说的话句句都是真的，可是他们仍旧蛮横地把他和他的妻子逐出了公园。

刚巧冬天又要来了，他们不知跑到哪儿去才好。起初几夜，他们宿在一所马厩顶上，可是那儿寂寞荒凉得很，而且又没有地方可以给他们的小脚儿攀抓，立着差不多要给风吹去。还有，那马厩主人吝啬得很，把场野扫得干干净净的，一粒谷也不留下，因此，他们整天里也找不着一顿好好儿的吃食。

他们从马厩顶移住到一间木匠店的檐下去，在那里，他们想总是要安稳许多了，可是在一个暗暗的黑夜里，一只猫儿静悄悄地沿屋脊下来，来到他们住的地方了。当他们睡得正熟的当儿，她突然伸出爪来，两只麻雀险些儿都给她的利爪攫了去。

她一把捉着了可怜的喳喳——麻雀太太的尾巴，把每一根羽毛都拔掉了，这对于猫是一点儿用处也没有，而在喳喳却是一个大损失，因

为没有了尾巴，她不能向前飞了，而且又是多么难看啊！

经过了这一次事变以后，他们可怜地随处找着可以过冬的房子。常常担惊受怕地宿在晒衣绳上，竹篱上，在人家倒渣滓的结着冰的桶里或厨房外面，有一顿没一顿地拾着吃。

可是春天将来时，他们的幸福也来了。有一天早晨，一个小女孩吃完早饭，伏在窗口上闲看，看见他们在阶沿上跳跃，便把一些面包屑撒给他们，她看见他们吃了，快乐得很，连忙回转身到台上再拿些向他们撒。

第二天，他们又来了，以后每天，天才亮，他们便在阶沿下等着，等着从他们的小朋友手里撒下来的早饭。

四月里的一个早上，太阳光照着，玫瑰枝上的花蕾正含苞欲放，两只小麻雀很怪异地看见一个木匠挑着一间鸟屋子进来，那精致的鸟屋子是拴在一个木杆上的。木匠走到园子中间捣了一个很深的洞，把那木杆插进去，再用泥土掩上。牢牢地竖着，无论怎样大的风雨也不会把他吹去。

竖鸟屋子时，他们的那位小朋友，快乐得只是绕着木杆子跳舞。她的爸爸妈妈，和哥哥姐姐，也被她逗得高兴了，早饭也不吃，群俯在窗口上看那木匠做工。

这一天，那一对快乐的小夫妻——吱吱和喳喳，住到他们那新房子里去了，天还不曾黑，他们已经衔了许多干草，把房子收拾得整齐清洁了。

小黄翼

"一条小河，一条小河，我们到那儿玩去！"威廉和他的表兄弟佐治、爱特，在雨过后，从窗口看见急速的小河流，不禁这样大叫。

小丽莎披了大衣，穿了厚皮鞋，跟了爸爸在路边缓缓地行着，他们蹦蹦跳跳地跑在前面。

小河是给雨水涨得满满了，几天之前，他们才横着他搭了一个小堤，弄了一条很美丽的小瀑布。现在呢，小堤已给冲掉了，河沿也冲得阔阔的，浪花拍击着小石子。

孩子们将小木块掷在水里做小船玩，小船向下游流着，他们也吵着跳着，在岸边跟着叫，这时，小丽莎和爸爸正站在一棵树下。忽然，爸爸看见有些什么东西在小河面浮着，拾起一看，原来是只被水淹得半死的小鸟。丽莎喊着她的哥哥和表兄弟们来看，他们都很难过地说着："可怜的小东西！可怜的小东西！"他们看见他冷得发抖，好像将要死的样子，都央求着爸爸，要带他回家去。

丽莎抱着小鸟轻轻地用手遮盖着，带回家去给妈妈。小

小的鸟儿温暖了，毛也干了，很好看地披着一重厚厚的羽毛。

丽莎欢喜得拍着小手叫："多么好啊！爸爸，我拾着一只小宝贝。"

"看！"爱特说，"他的翼子黄黄的，我们就叫他黄翼吧。"

他们给他面包屑，他不吃，只是躲在那温暖的小篮里，吱吱地叫着。第二天，小黄翼很活泼了，他不再吱吱地一声声叫了，快乐地啭着喉咙，啁啾啁啾地便唱起歌来。

"他是一只黄鸟，"佐治说，"长大了，一定会和白燕一样美丽的。"

威廉望了望妈妈，他的意思好像问："给我好吗？"

妈妈于是说道："谁也不可以要他，鸟儿们是不喜欢住

到人的家里来的，因为——鸟儿不爱人家优待，他爱飞上树梢，自由自在。"

"我知道的，"威廉说，"我并不是想要把他关在笼子里啊！现在怎样来处置他呢？"

"他还不会飞咧，可怜的小鸟！"丽莎说，"我们把他养到会飞再说吧！"

爱特说谷仓那里有一个鸟窝，可以把小黄翼放到里面去，和那些小鸟儿一起。

"可是，"佐治说道，"那窝是燕子的，她一定不会喜欢这么一只黄鸟，混在她的孩子当中。"

最后，大家决意把他带回小河边去，试着在河边那里找寻他掉下来的那一个窝。

孩子们都快乐得很，他们觉着将小鸟儿送回家去，比给

他们养在笼子里更欢喜。他们一直将他送回拾得他的那棵树下，轻轻地放在树边的竹篱上。黄翼吱吱地叫，树上也吱吱地应了。

他们好像说——

"飞上来，飞上来。

我的乖乖，我的爱！"

可是他不会飞，威廉说："我们站在这里大鸟是不敢飞下来的。"于是孩子们都跑到一丛石子堆上，坐下静静地看着。

"看，看他的妈妈！"丽莎轻轻地说。一只大些的鸟从树上飞下来。挨着黄翼的身边停下一会儿，大鸟飞向前一些，小鸟拍拍他的翼子也跟着飞上前一些；她再飞上一点儿，他也学着再飞上一点儿。这样一些一些地大鸟教着小鸟，飞到一条低枝上了，渐渐飞上，再飞上，两只鸟儿都没到叶子里，看不见了。小丽莎倾耳听了一回，喊着道："听呀，听呀，那不是小黄翼的啁啾声吗，呵呵，回到自己家里去了。怪不得他这样欢喜咧。"

涉禽

（涉禽，如鹤鹭等类足嘴颈特长，常涉浅水捕小鱼而食。）

孩子们，你们看见过涉禽吗？"没有。"（以一涉禽图出示）"这样小的鸟而有那么长的腿？""对咧。""你们知道他为什么要有这样长的腿吗？""要来涉水是不是？"是的。

涉禽先生住在一片浩浩荡荡的咸水——名叫做洋的岸沿边。那近水的地方名叫做矶。有石的是石矶，而涉禽先生住的那儿是沙矶。涉禽先生并不长于交际，因为在他的邻近很少有他的同类。涉禽太太是在沙矶上造了一个窝。

一天，他们一家人都在水边散步，爸爸妈妈在散沙里捉着小虫儿给孩子们吃。小小的涉禽张嘴叫一声，爸爸或妈妈便把一条小虫塞到他们的口里。小涉禽只是要吃，因此妈妈想，也该教他们自己捉小虫了。她把他们唤到身边来，教他们怎样拨开沙泥，看见有虫便可以捉。他们正吃得玩得高兴时，忽然有好些人来了，每人都带了一杆枪。

妈妈骇极了，立刻逃回窝去，小小的涉禽们便躲在她的双翼下。爸爸也害怕得很，恐怕那些人会找着他们。这时候，你想他会怎么做呢？他装着受伤的样子，垂着翼，特地走到人们的面前去，使人们追他，自然他是不跑得太近的，否则人会用枪射他。渐渐把人们引到离他的家很远很远了，他便躲在不易给人看见的地方，直到人们都跑远了，他再回家去。

你们想，妈妈和孩子们看见危险过去了，爸爸回来了，那是多么的欢喜啊！

小儿和小鸟

"小鸟，小鸟，
夏日尚遥遥，
我有丝的被，软的床，
还有花花的枕头给你睡觉。"

"我爱睡在墙上的常春藤里，
虽然听见雨风，却也淋不着身体；
早上是有太阳光，
唱歌，飞舞，快乐逍遥。"

"啊，小鸟，小鸟，
这儿有的是钻石、琥珀和黑玉，
我将来穿做美丽的链条，
只要我的小鸟儿欢笑！"

"啊，多谢钻石也多谢黑玉，
我已经是尽够满足，

我圆圆的毛颈链更好，

那是天下的无价之宝。"

"啊，小鸟，小鸟，

我给你银的盆金的杯，

还有常春藤的交椅，

软软的毛毡给你垫。"

"金的杯子里没有流水，银的盆子盛不了森林，

摇摆的丫枝，便是我的坐椅，

弯弯的小路，充满新鲜的空气，

再会了，朋友，深深地感谢你的好意！"

鸟巢

颜色巢

五月里，天气很好的一天，黄莺先生和黄莺太太从南方动身归来了。他们这一次旅行得很称心，看见了去年夏天的老家尤其使他们高兴。他们的老家有一棵老榆树。榆树的密丛丛的枝叶覆盖着一所田舍，那儿是有两个可爱的小孩子的，一个叫做耐儿，一个叫做克儿。你们永远不会想到，这两只鸟是飞了几百里的长路，他们飞着的时候，黄黄的羽毛看上去简直像一道太阳光似的，一闪就过去了。

他们回来了，有许多事情要做，所以也没空静静地坐一回。黄莺先生想去看百灵、知更和所有那些先动身的朋友们，打听打听春的消息。他还想看看鸽子，问问他冬天里的事情。但是黄莺太太却急着要把房子先弄好。

"亲爱的！"她说，"你知道要多少东西和多少工夫才能织成一个窝，请和我先去找些织巢的东西来吧，以后探访朋友的时间多着呢！"

"可是，我们如果到仓房里去探望鸽子，那么在那儿也许能够找得到许多长长的马尾毛，那不是很好的织巢材料

吗？"黄莺先生说。

"嗯，那么去吧！"黄莺太太说，于是他们一齐向着鸽子的家飞去。当他们叽叽喳喳地说着话时，耐儿和克儿看见了，快乐得不得了。耐儿是不认识他们了，可是克儿比较大些，她一看就认识，因为她看着一对黄莺在榆树上筑巢，已经好几次了。

这一年，两个孩子预备了个很好的计划。是在某一天，克儿结东西的时候想着的，她本来要丢掉的许多颜色线头都藏起来了。

"黄莺就要回来了。"她说，"我把这些线藏着，留给黄莺衔去造窝。"以后，她凡有线头就藏起来，到现在，已经有一大束了。红的，黄的，橙的，青的，蓝的，紫的，什么颜色都有。她们预料今年黄莺的巢一定特别华丽好看。

黄莺先生和黄莺太太自仓房回来，是有说不出的高兴，因为他们每人都得着了一根长长的马尾毛，这种运气是很难碰着的，他们回来时，克儿和耐儿恰巧自草丛里轻轻地溜出来，她们放了一把红线在显眼的地方，这时站在门口静静地看着。

黄莺先生飞在前，他先飞到，停在树顶的一枝细长横枝上，这枝子，他们选定了要在那儿筑巢的。

他们在枝上站了一会儿，看见草丛里的红线了，这时候，他们的欢喜，真不能形容给你们听呢。

"像这样好运气，我们的巢不久就可以筑成了。"黄莺太太啁啾着说，"赶快去找些亚麻梗来撕成条子吧！"黄莺先生点点头，于是他们再一同飞出去。他们找着了亚麻便用嘴巴和脚爪拼命地拉扯，结果大家都扯下来一长条梗子。他们飞去榆树上，向底下望了望，哈，那发现红线的地方现在又发现了一些橙色的和蓝色的线了。这真和在他们过冬的那地方发现了香橙和柠檬有一样的欢喜。

"快些快些！"黄莺太太不由大高兴，"把那一些线也衔来，我立刻要动手了。"

她真的开始动手了，黄莺先生啪啪地在旁边飞来飞去，有时帮她衔根线，有时瞪大了眼看她编织，有时简直快乐得振声地唱起歌来。

耐儿和克儿静静地尽管看着，心里只是希望着绿叶子不要把他们的视线挡没了。

自此以后，每天克儿和耐儿都放些线在那老地方。青的，

蓝的，紫的等等，直到她们收藏着的一些线都放完了。那对鸟儿总是很快便瞥见，瞥见了立刻叽叽喳喳唧唧哪哪地叫一回飞下来衔了去。他们一天一天地忙着唱着，渐渐把那些亚麻丝、干草梗、颜色线、马尾毛都织在一起，交织成一个巢的模样了。

　　小小的鸟儿居然能耐心耐性地一丝一丝地编织，而且编织得这么灵巧，真是很奇怪的一件事。长长的丝线有时给树枝子钩住了，有时正当黄莺太太想编织一根干草梗，却给大风从横里一吹，吹去了，但这些他们都不管，他们还是始终快乐地、毫不懈怠地造下去。

　　一星期内，快乐的一天到来了，巢儿筑成功了，黄莺先生和黄莺太太在这一天唱了一整天歌来庆祝这个新屋的落成，他们怎么能不欢喜如狂呢？他们的小小窝儿是这样的稳

固！像这么深的一个窝，是不用担忧蛋儿会坠下的。巢儿看去虽然是薄薄的，但结密得很，霜水不会渗进去，也不会冷了蛋儿和那些将来会自蛋里孵化出来的小小鸟。还有，最高兴的是，和风吹来，这一个荡在半空里的小家便摇摇晃晃的，坐在里面好像荡秋千。

　　小小黄莺，

　　编织名手，

　　编个美丽的小窝，

　　挂在高高的枝头。

　　所有的黄莺都是很会编织的，可是像这一个小巢似的五光十色却从不曾有过。

　　"看！看！看！"黄莺先生团团地围着巢儿打转，一边大声喊着。"那真是灿烂得像一个花园，我们在草上找着了那些神奇的颜色线，所以才有这么好看咧！"

"你说像花园吗？"黄莺太太说。"那些颜色，在我看来，是比鲜色更好看，这些软软的绿色正好覆着我们，在我们前前后后，高高低低摇曳着的绿叶子。这闪耀着的一点呢！亲爱的，我多么欢喜看呀，那不只像是金色的太阳，黄色的花，那完全和你身上的金羽一个样子。我把这一根线织进巢里时，便这样想着了。"

于是他们相和着唱，"可爱的家庭"，这调子是和我们人类唱的不同的，不过意义是一点儿也没有两样。

黄莺们在相互庆祝时，克儿和耐儿、她们的爸爸和妈妈也都抬头看着那一个刚才落成的小窝。他们的脸上布满了惊奇和欢喜。

"这样完美的东西，谁想得到是没有手也没有家具的鸟儿造出来的！"爸爸说。

"我很快乐，收藏着的线头，居然收着了这么好的效果！"克儿说，"我想，以后每一个春天我都要给他们留下些。"

稻草人

农夫举首望望他的樱桃树，
看见垂着的果儿，好像粒粒珍珠。
"我将吓一吓那小知更，"他喃喃自语，
"看他还敢到我这儿来住。"

"我将扎一个可怕的稻草人，
头儿昂着手儿伸着，
高高地在树上扎紧，
这不把他们吓得站不住脚跟？"

稻草人虽然是假的，
但是多么狰狞可怕，
夏天里的一个清晨，
突然地在樱桃树儿上挂。

花儿白得好像海里的泡沫，
在里飞翔是多么的快活，

可是啊，树顶高高地站着一个稻草人，

　　鸟儿们吓得不敢走近。

　　小小知更鸟，每天歪着头儿瞧，

　　　想把那稻草人瞧个分晓，

　　他看了再看，不禁点首连连，

他说："不怕的，这只是一个滑稽的脸面。

　　你看他，风吹不动雨打不倒，

　　　硬硬地竖着，好像个呆佬，

　　去吧，我们一起回到树里去，

　　　不怕他站在树顶儿高高。"

　　于是，这一对狡猾的小东西振翼一飞，

　　　飞进雪白的花儿里，

　　　这儿张张，那儿望望。

　　拣选着好的地方建造新房。

　　你们知道小小的知更把窝筑在哪里？

如果你们喜欢，猜在稻草人的袋里也可以，

　　小窝儿是筑在稻草人的胸下，

　　　成了一个安稳有趣的小家。

樱桃红晶晶，

小小的家庭，活泼精明，

他们整天游玩吃果子，

一点儿也不用受怕担惊。

他们一直平安地住在树里，

直到孩子们都自己会飞，

谁会知道呢，竖了稻草人，

知更鸟仍旧在那儿兴家立业。

蝴蝶

诚意的教训

"请你照顾照顾我那可怜的孩子。"一只蝴蝶对一条毛虫说，那毛虫是正在一片甘蓝叶子上慢慢地爬行。"看，这些小小的卵，"蝴蝶继续说，"我不知道他们还有多少时候才能有生命，而我是病得很瘦弱了，如果我死了，谁来照顾我的小小蝴蝶呢？仁慈的绿毛虫，多多烦劳你吧！可是你要当心着他们的吃食，他们可不能像你般吃些粗糙的东西呢，毛虫！你必须给他们喝早晨的露水，和花间的香蜜；初时你不可让他们飞得太远，你知道初始试翼时，是只能飞一点点路的。可惜你又不能飞，我是没有时间再找别的人了，希望你能好好地看护他们吧！我真不知道，我怎的会把卵下在甘

蓝叶上！小小的蝴蝶生在这样的地方！你是会好生照顾他们的吧？不是吗，毛虫？这儿，请把我翼子上的金粉拿去，姑且作为酬答你的辛劳。唉，我眩晕得很！毛虫，记着他们的食物……"

这样说完，蝴蝶待不及那绿色的毛虫答应，便遗下一堆卵，死了。

"可怜的太太，她选了这么坏的一位保姆，"毛虫说，"而我呢，也是很难的事情啊！她真是病昏了吧，不然，怎么会找着像我这样的一个爬行东西，来看护她的美丽的孩子！真的，她们带着好看的翼子，可以随意地飞到我看不见的地方时，是多么地厌恶我呀！尽管她们有彩衣和蓝翼，有金粉，也总是愚笨的。"

无论如何，蝴蝶是死了，是遗下一堆卵在甘蓝叶子上了；绿色的毛虫是慈爱的，她有一副好心肠，所以她决意勉力地照顾蝴蝶的孩子。这一夜她完全没有睡觉，她在那一堆卵旁边跑来跑去，担心着有什么东西会来侵害他们，一夜来，跑得背脊也痛了；第二天清早，她自己说道："一人计短，二人计长。我还是找别人来商量一下，看有什么好的主意吧，

像我似的这么一个爬行的东西，不请教别人是不行的啊！"

可是难题又来了，毛虫将请教谁呢？松毛狗是常到园里来的，但他太粗鲁了。如果她唤他近前商量的话，他定将一尾巴把甘蓝叶上的蝴蝶卵都扫了去，这样，她将怎么对得住死了的蝴蝶？猫儿汤姆是常常坐在苹果树下的。坐在树下晒太阳；可是他又太自私自利了，他断不会肯给蝴蝶卵想个好主意。"唉，这些动物里，我可想不起谁最聪明啊！"毛虫忧愁地在叹息，于是她想了又想，最后想起了云雀，云雀会飞，没有谁能够知道他飞到什么地方去，那么他一定很聪明和很有见识的了，毛虫想，会飞是再荣耀也没有的（因为她自己不会飞啊）。

在邻近的稻田里住了一只云雀，毛虫带了个信给他，请他到她的家里来。云雀来了，她便把一切困难都告诉他，请教他怎样才能养育那些小小的东西，找东西给那些和她一点儿也不相像的小东西吃。

"慢些，你飞到高处去时，定能给我把这事情打听一下吧！"毛虫战战兢兢地说。

"这也许可以的，"云雀说，此外可没有什么话了，这一点儿也不能使毛虫满足。不一会儿，他唱着飞上碧蓝的晴

空里了，声音渐渐远开去，远开去，远到毛虫听不见了。可怜的东西，毛虫是看不见远的地方的，还有，她不能朝上看，她现在虽然很谨慎地抬起了身子，也依然看不见，无奈，只能将脚儿放下，再绕着那堆蝴蝶卵走来走去，一边走一边吃着甘蓝叶子。

　　"云雀跑了，"她说，"这时候，他在哪里呢？如果我能知道，就是没有了脚也是好的！这时，大概飞得更高了吧，我怎能知道，他向哪儿飞，和在那神秘的碧蓝天空里，听见了些什么新闻啊！他常飞上飞下地唱歌，但他从来不曾把这秘密宣示过，他真是守口如瓶的家伙呢！"

绿色的毛虫绕着那堆蝴蝶的卵又走了一圈。

云雀的声音又听见了。毛虫差不多欢喜得跳了起来，才一刻，毛虫已看见她的朋友带着缓和的调子，落到她的甘蓝叶上了。

"新闻，新闻，毛虫朋友，可喜的新闻！"云雀唱，"可是我说出来，你一定不相信的。"

"我，我无论什么都相信。"毛虫急说。

"那么，很好，第一，告诉你这些小东西吃些什么东西。"说着云雀用他的嘴向那堆卵点一点。"你想他们是吃什么的呢？猜吧！"

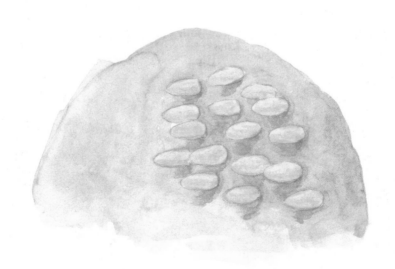

"露水和花间的香蜜，我说起也就害怕。" 毛虫叹了一口气。

"不是这些东西，老太太！那是很简单的，你极易找得着。"

"我只能找得着甘蓝叶。" 毛虫苦恼地叽咕着。

"对咧，好朋友，" 云雀大喜地喊叫，"给你猜着了。你是要用甘蓝叶来喂他们的。"

"哪有这话！"

毛虫气恼了。"他们妈妈死时，最后的一句话，也还是教我不要给他们吃甘蓝叶。"

"他们死了的妈妈，是不懂得这个的，" 云雀坚持着说，"你既然不相信，为什么又要来问我？你是没有信义也没有诚意的。"

"噢，我相信，无论什么东西我都相信。" 毛虫说。

"不，你一点儿也不。" 云雀说，"我只把吃的告诉你，你已经不相信了，你知道，这还是我要告诉你的第一样东西咧。毛虫，你以为这些卵将变成什么？"

"那自然是蝴蝶了。" 毛虫说。

"毛虫！" 云雀唱，"他们将变毛虫，到那时你便知道了！"说完，云雀呼地飞去了，他不愿再和他的朋友争论下去。

"我以为云雀是聪明和仁爱的，"温和的绿色毛虫说，她开始再绕着那些卵行走，"原来他是愚笨而且无礼。恐怕他是飞得太高了吧。呀！会飞得这么高，而仍是那么的蠢陋，真是可惜得很呢！亲爱的！他到底看见了些什么，在干些什么啊？"

"如果你相信我，我将告诉你。"云雀唱着又飞下来了。

"我，我无论什么东西都相信！"毛虫严肃地若有其事似的，重复着说。

"那么，我将告诉你一些事情。听着，好消息来了：有一天，你会变成蝴蝶。"

"卑鄙的鸟！"毛虫大声喝道，"你在玩弄我，玩弄弱者！你不只愚笨，而且残忍。去吧！我没有什么要请教你的了。"

"我早说过，你是要不相信的！"云雀转身时也发怒了。

"我，我无论什么东西都相信。"毛虫固执着说："可是——"她犹豫了一下，"要可以相信的才能相信。而说蝴蝶卵会变毛虫，毛虫可以不爬行，长出翼来变蝴蝶！云雀，你是太聪明了，这话亏你会相信的，你知道，这是不会有的事情啊！"

　　"我所知道的，并不是这样，"云雀说，"我飞过地上的稻田，飞入高的天空，我是看见无数的稀奇事情，那些稀奇事物是无穷尽的。噢，毛虫，因为你是爬行的，你永不离开你的甘蓝叶子一步，所以无论什么东西你都说不会有的啊！"

　　"胡说！"毛虫叫了起来，"什么是会有的，什么是不会有的，正和你一样，根据我的经验和才能，我都知道。看，看我这个长绿的身体和我这些脚，而还会给我说，说会有翼子和彩色的毛衣。你，你笨驴——"

　　"你笨驴！你自作聪明的毛虫！"发怒的云雀说，"我飞在上面神秘的世界里时，你难道不听见我快乐的歌声的吗？噢，毛虫，相信吧！像我似的相信吧，由此你将变成什么呢，你该有信义。"

"那就是你听说的什么——"

"诚意。"云雀插言说。

"诚意是怎么的咧？"毛虫问。

这时候，她觉到身旁有些什么东西在爬行。她四周一看，看见有十条八条小毛虫蠕蠕地动着，而且甘蓝叶上也给他们吃得这儿一个小洞，那儿一个小洞了。小小的蝴蝶卵孵化了呢！

惭愧和惊异充满了我们的那位绿色朋友的心，可是也充满了欢喜，因为第一样奇事既然实现了，第二样也一定会实现的吧。"云雀，你见识多多，真要请你指教我呢。"她这样说，于是云雀把天上地下的许多奇事都唱给她听，毛虫便把她会变蝴蝶的事情，向她的种族讲述。

可是谁也不相信她。但她仍然守着云雀教她的诚意这一个教训，直到她变蛹睡眠时，她还说着："有一天我总会变蝴蝶的！"

她的种族都以为她的脑子昏乱了，大家很可惜地说着："可怜的东西！"

她真的是一只蝴蝶了，到她将死的时候，她说道："我知道了许多奇异——我有的是诚意——我诚意地相信未来的而将要来的东西。"

毛虫

美丽的毛虫

"啁啁吱吱!

早餐还没有呢!"

鸟妈妈这么唱着,眼睛骨碌碌的,一会儿转向这边,一会儿转向那边。

"噢,妈妈,妈妈,吱吱,

这儿,在树上呢!"

一只小鸟儿在叶丛里试着飞,学着妈妈的声音,这样在唱。妈妈跳近那一只活泼的小鸟儿,朝下张了张。那儿她看见了一条肥胖的淡青色有着红黄蓝的点子的大毛虫。

"啁啁,吱吱。

没有好吃的东西!"

鸟妈妈一边唱着,一边招呼她的小鸟儿们来看。她指着那毛虫正经地告诉他们,教他们要注意,毛虫并不是都可以吃的。像这一种毛虫,不只是味儿不好,她还听说,是有毒的呢!

"现在,告诉我不能吃的毛虫是什么形状的,"妈妈担

心地说，"那么，我可以知道你们懂得了没，以后会不会再去捕捉这类毛虫。"

于是小鸟儿们说了，一一地俯下头来，看着那条毛虫说了。他们说，那不能吃的毛虫，青得像一片新叶子或者像园里的莴苣；那些小点儿像小小的樱桃，有些像小小的越橘。"很奇怪的毛虫便是不能吃的。"

一只小鸟儿说："看上去像许多种东西聚拢来的，便是不能吃的毛虫。"

"看，妈妈，背上还有些黄的种子呢！"另一只小鸟说。

"是的，看来很像种子，"妈妈说，"但不是真的种子咧。你们可以记着，这么美丽的毛虫是不能吃的。我很欢喜，他这么美丽，可以给你们永远记着了。"她很宽心，她的孩

子们都懂得这类毛虫是一种不良的食品，于是她展开双翼向前飞去，唱道：

"啁啁，吱吱！

飞上树枝，

去吃果子，

去，去，和我一起。"

小小的鸟儿们跟着妈妈飞去，他们飞得很好，他们学飞远没有多少时候呢！

在他们说话时，毛虫仍旧沉静地在吃叶子，上面鸟儿们吱吱喳喳地并没有打扰了他。很好，他那一条美丽的外衣保护了他，不致给鸟儿们吃去。他把身体扭向前面一点儿，开始啮咬一片新叶。

过了几天，毛虫不想吃东西了，渐渐觉着全身不舒服起来。

"我觉着，我好像有想睡的样子。"他想，"我病了——我是病了吧！"

"噢，你美丽的东西！"一个声音说，"你背上正和镶了些红黄蓝的小珠子一般。不知为什么，海伦姑娘没有把你的故事说给我听，爬吧，爬到这根小枝子上来吧，我决不会

伤害你的。"

毛虫挂在那小枝上了，小孩子即从树上沿了下来。

"我叫海伦姑娘来，"他自己说，"现在毛虫爬到那一株枝子来，我可够得着了，我将攀下来给她看。"

"很好，"毛虫说，他发现没有旁的人在身边了，"我想我可以隐藏了。"他稍为爬向前面一点儿，当即缫起丝来。

这时候，那小孩子已跑回屋子里，找着海伦姑娘了，但她正在做活，不能立刻和他一同去，待到他们一起走到那园子里的那棵树边时，毛虫已经缫结了一个茧，把身体隐藏着了。小小的孩子不见了毛虫，东张西望的，不由怪异起来。

"那是很大的毛虫，姑娘，有你的手指儿这么粗咧。他这么肥胖，是爬不了多远的，一定还在附近的什么地方，姑娘，那真是很美丽的一条毛虫呢！"

"我知道他在哪里。"海伦姑娘说，"在那儿我看见了一个茧，我猜你的毛虫一定躲在里面。把那一株枝子轻轻地折下来给我。故事在这儿了。"

"啊，故事？"他喊着。很快地便把那枝子折了，一眨眼间已从树上沿了下来，急切地要姑娘给他讲故事。于是他们坐到秋千上，海伦姑娘这样那样地把整个故事讲给他听。

几个月后，那孩子忽地很快乐地奔到姑娘那里说道："真的，真的，你的故事一点儿也不错，姑娘，我看见了一只很美丽的飞蛾了，那真是美得很，飞进我的房间里来了呢！而那个茧是空了。"

农夫

家畜相骂

　　"喔，喔，喔！"清早起，雄鸡啼了。"我在农场里，可算是最聪明的了。每天早晨，我啼醒了所有的大人和小孩子，让他们好照准时间上田和上学。因此，孩子们非常喜欢我，他们每天给我吃稻谷和面包。"

　　"咯咯，咯咯！"母鸡说，"你别夸口了吧，小爸爸。你给孩子们吃些什么东西呢？只有我，差不多每天产一枚蛋，用了我的蛋，做蛋糕给孩子们吃，孩子们爱吃蛋糕，对他们来说，蛋糕简直是一天也不能缺的。这样，你可明白了吧，我是比你来得更聪明和乖巧的。"

　　"咪，咪，咪！"小猫听见了雄鸡和
母鸡的谈话这样说。"我才是最最聪明的
一个。"她说，"如果我不
把鼠儿们杀死，那么，那些
丑东西将把牛油、奶饼、面

包、蛋糕都吃掉，孩子们便要饿着肚皮去上学了。所以孩子们和我十分要好，他们给我喝牛奶，让我坐在他们的膝上。"

"汪，汪，汪！"狗说。他的头伸在狗洞外面，在听小猫夸口。"哼，如果没有我日日夜夜地把守着门口。东西早给人家偷掉了。农场里，我才是第一个重要的动物呢。"

这时候农夫来了，他们所说的话他都听了去。"你们一样的聪明，一样的乖巧有用。"他说。于是他撒一把米给雄鸡和母鸡，给小猫一杯牛奶，给狗儿一块肉骨头。

他们快快乐乐的，大家都心满意足，不再相骂了。

农夫和鸟

　　画眉鸟先生和画眉鸟太太，找到了一大堆可以在里面筑巢的柴草，他们觉着很有造化。可是有一天，在巢已经筑成、蛋也已经下了的时候，他听到了一个很坏的消息。

　　"呀！亲爱的，"画眉太太自外面回来时，他这样对她说，"我们找错地方了，这堆柴草我们以为筑巢是极合宜的了，怎知道，明天便要焚烧了，我们的蛋儿可怎么好咧！"

　　"噢，噢！"画眉太太说，"蛋儿可不能伤害的，让我明天守候着主人来，指示给他，我们有一个巢儿在这里，请

求他不要焚毁。你不看见那儿住了许多鸟儿吗？反舌鸟儿是在那儿过冬的，他告诉我，主人从不许什么人伤害他们，而且还在他们能够拾取的地方放上些吃的东西。"

"那么，"画眉先生说道，"他也许不会伤害我们的吧，你且试试看！"

第二天，主人来了，他走近那一堆柴草，画眉太太便飞到他的面前，再飞回自己的巢里，这样，来回了几次。

"阿罗，"主人对田里的长工说，"看那只画眉！她好像说，她有一个窝在那堆草里咧！对了，那儿的确有一个鸟巢，我已经看见了。那堆柴草不要烧吧，别弄毁了她的巢。我们把那堆草移过，然后把地好了！去，拿四根长棒来！"

阿罗把棒拿来，插在草堆底下，他们俩对面站着，扛起来把草堆移过去了一点儿。这样弄完了，把马配置好，便开始犁地。

　　农夫和他的雇工播种了，他们将地划做一个个四尺见方的格子，每一个方的角里打一个洞，每个洞里放上三粒或四粒珍珠米种，然后再把泥壅着，用脚踏紧，这样两下之后可不致立刻干燥。这时，画眉太太记挂着她的蛋儿，早已飞回窝里用翼覆盖着了，她满足地坐着，在看农夫们耕种。

　　过了几天，下了一阵子雨。蛋儿在妈妈的翼下，又暖又安全，一点儿也没有沾湿；而那些雨点下到田里，珍珠米种子可大大地受益了。种子吸了水胀大了，他们大些再大些，最后，皮儿裂开，一片小叶子钻出了地面。初时，那片小叶子是紧紧地折拢着，可是隔了一会儿便张开来了。梗子渐渐地长高，渐次又在第一片叶子的对面长出了另一片叶子。第

三片叶子也长出来了，这一片是和第一片叶子同一方向，这样，第四片叶子你猜将长在哪一面呢？

"和第二片叶子同一面！"

"对了，可是我还要告诉你，珍珠米一面长叶子和梗子，他一面还在生根。根儿吸取泥土里的养料，叶儿吸取空气，所以他是生长得很快的，主人还当心着不使野草危害他。"

珍珠米长得几寸长了，主人教阿罗把那田里的野草都耘了去。阿罗当心地耙着，提防着把那幼苗也耘了。农夫不时地耕耘着，直到珍珠米长得及他肩头一般高，那时，可不用再担什么心事了。

珍珠米在生长时，有一天，画眉太太听见她的窝里起了一种营营的小声；她对她的丈夫说道："呀，我们蛋儿在预备破壳了，我是多么的欢喜啊，我必须帮助

那些小宝贝出来。"

　　小小的鸟儿，得了妈妈的帮助，破壳了。那一对鸟妈妈和鸟爸爸立刻忙碌不堪。小鸟儿张着嘴只是讨食，他们在田里衔来了许多虫儿饲喂他们。那些虫儿如果鸟们不衔掉，是会害五谷的。这样，鸟儿们是在给农夫除害了。

　　渐渐，珍珠米抽穗了，每一棵珍珠米长出了一大把银样的流苏，在苞外挂着。苞壳是几片厚厚的大叶子做成的，这苞壳要来保护着珍珠米，不让他受湿和给松鼠乌鸦等东西偷吃去。

　　小鸟儿跟着妈妈学飞，渐渐自己会捕虫吃了。他们长大到可以离巢的时候，他们仍旧住在这个农场里。五谷成熟了，农夫收割了，这时，那些画眉鸟们唱着悦耳的歌，好像道谢农夫在他们还在蛋儿里的时候救了他们的性命一样。

鸡和小鸡

失掉的一只小鸡

　　阿吱不见了，阿吱是鸡太太的一只小鸡，鸡太太正想喂他，招呼起来，阿吱却不见了。鸡太太十分寂寞和忧愁，她在院子里跑来跑去，慢慢地举着脚步，很担心地这儿张张那儿望望，口里不住地喊着："咯，咯咯，咯。"

　　院里那只猫儿听见了这么一回事，连忙用舌头舐着她的小猫，一次又一次的，侥幸她的小猫没有丢失。母牛嘱咐着小牛不要跑开。羊儿听见了她

的小羊"咩咩"地叫着，心儿才放下。所有一切做母亲的，都教孩子们不要独自离群跑到什么地方去，不然的话，也将像可怜的阿吱般的丢失了。

鸡太太找遍了院子，什么角落都找到了，她想阿吱一定不在院里了，于是找到院外去。首先，她跑到草场去。草儿正割下摊开在曝晒。她想阿吱也许躲在里面吧，她咯咯、咯咯地喊起来。那里！是些什么东西呀？在动呢，鸡太太赶快奔过去。是她的小鸡吗？慢慢地听下去吧，不要着急！鸡太太看见那小东西了，她立刻止了步，他还在爬呢，吱，无疑的是一个婴儿，还没有阿吱一半的大啊，后面拖着一根长尾巴。"那是田鼠太太的孩子。"

鸡太太失望地说，她回过头便跑回去通知田鼠太太。而田鼠太太已经出来找寻她的孩子了。田鼠太太也不知道阿吱在什么地方，可是，方才她是看见了一只两脚小东西跑到那面去的。于是鸡太太道谢了她，照着她所指的路找去。

那条路是经过果园的。吱！鸡太太听到了一声很轻的叫声。"是我的阿吱吗？"她想，跟着那声音，她跑进了果园里。那儿，在苹果树下躺着另一个小孩儿，但这也不是阿吱，虽然他也有羽毛、尖硬的嘴和两只脚，叫声也有些和阿吱相似。他走路是两脚一起跳的，这更加不像阿吱了，阿吱很有礼，他是一步一步走路的。知更鸟太太，那孩子的母亲，看见鸡太太走近，便飞翔着在孩子左右看守着。"阿吱不见了？"当知更鸟听完了鸡太太的话，不由得也代她着急起来。"啊，你真是不幸极了！但我敢说，阿吱一定不在这果园里，今天早晨我和我的丈夫都在这儿教我们的孩子飞，难道我们会没看见他吗？"

可怜的鸡太太，她决意再跑远些，去找寻她的宝贝儿子；快乐的知更鸟家庭仍旧继续着他们教飞的功课。

鸡太太沿着那条路跑下去。路上她碰着了鸭妈妈。鸭妈妈今天一早便出了院子，所以她还不曾知道阿吱丢失了。鸡

太太便把这一回事告诉了她。鸭妈妈道："呀呀，鸡太太，也许你的阿吱和我的孩子混在一起玩了，待我把他们唤来，你自己认认看。"于是小鸭们排成了一行，一只一只地在鸡太太面前走过，唉唉，哪有阿吱的影子呢？只要看一眼，鸡太太便可以认出来了，阿吱的嘴是尖尖的，鸭妈妈的孩子的嘴，都是又扁又阔，还有，鸡儿有的是细长和分开的足趾，而这一班小家伙的足趾是给一块皮连着；还有走起路来，又是这么的怪丑啊！"我阿吱不在里面。"她对鸭妈妈说。"你认清了吗？"鸭妈妈说，"如果你认不清，那么，我们到池塘里便立刻可以分出来了，我的孩子是都会游泳的，而你的孩子呢，我想，也一定像你似的，见了水很害怕的吧？"鸡太太说："我认清了，不用再到池塘里试验了。"她向鸭妈妈道了谢，说了声再会，便转身回院去。鸭妈妈领着她的孩子也到池塘里去。"看见了母鸡，"鸭妈妈说，"我便觉着我们会游泳是非常可喜的事！去，我们立刻跳到池里去。我们会游泳的，便该快乐地去游泳。"

鸡太太回到院子里是比先前更加忧愁和伤心了。她觉着，差不多可以确定，阿吱一定遇害了。忽然她看见院门外农人的小女儿阿美正在向她走来。

小阿美停下来，两只小手儿往地下一放，丢失的阿吱跑出来了。

"这是你的孩子，鸡太太。"阿美说，"我把他领到屋子里玩去了，可是妈妈说你会冷清的，所以我又把他带回来。"

自此以后，每逢阿吱不见了，鸡太太便跑到厨房的门外，"咯咯咯咯"地叫着，小阿美便会把阿吱放出来。鸡太太自己说道："无怪阿美这么疼爱我的孩子了，阿吱第一次丢失时，我看见了田鼠太太的，知更鸟太太的，鸭妈妈的孩子们，可是又有谁及得来我的宝宝呢！"

黄脚的故事

在一个很大的农场里的一个白鸡栏里，住着黄脚和他的妈妈。黄脚是一只毛茸茸的小鸡，他的脚是橙黄的，眼睛骨碌碌的，非常惹人爱。他很狡猾地眨着眼睛，有时还把眼睛张一只闭一只地看别人。小黄脚有一个好妈妈，她很爱她的小鸡，她总是紧紧地看守着他，不让他担惊受怕。每当这小东西给雄鸡啼觉了，他便从妈妈的翼下偷看到外面来，看着太阳升到天上，于是他便看看那些野草，野草经了夜来的露水喷发着清香气。

"在这世界里，什么东西都是可爱的。"小黄脚一边吃早餐一边想，"是不是别的小鸡也像我这样快乐的呢？"

　　一天，几位新邻舍——很小的小鸭和他们的母亲——住到附近来了。他们很嘈杂，但是很和气，小黄脚和他们交朋友了，自然，他是一定喜欢他们的。两个妈妈也立刻要好起来，虽然一个是鸭，她是和她的孩子一般的和气的。她们常常谈话，谈得很久，而且还常常一起出去散步，一直以来都是平安无事的。直到有一个和暖的早晨，他们走到一面池塘里，小鸭和他们的妈妈立刻一跃而下，快乐地浮在水面上了。小黄脚也想快乐一下，可是他不敢跳下去，他从不曾看见过妈妈在水里游泳，于是他跑近池边，把小黄脚儿伸进水里。水里面冷清清的，浸着脚儿爽快得很。小黄脚站的地面是有些倾斜的，并且有点儿滑，小黄脚觉得自己在向下滑了，而且

分明向着水汪汪的池塘滑下去了。可怜，小黄脚这一惊可不小！他只能用他的微弱的声音，吱吱地叫着，待他妈妈回过头来一看，啊呀，她的宝贝可不得了了。她赶快地跑到河边，伤心地喊叫着扑着翼子。

鸭妈妈看见了，她很快地游过来，用阔嘴将小黄脚向岸边一拨，这一拨把小黄脚直拨到干草地上。小黄脚跟了妈妈回家去，他一声不响地慢慢走着，自然，他走不快，是因为浑身湿淋淋的，黏着了。

这个我想那老母鸡一定知道的，她是一个思想周到的妈妈，她看见小鸡沿路一声不响也着实难过呢！到家了，妈妈回过头来说道："记着吧，孩子，有些是生来要在水上行走，有些是生来要住在陆地上的！"

吃完晚饭，我们的这位小朋友独自站着，眨着眼睛想心思。有羽毛的东西都睡觉了，最先是一只母鸡，接着还有别的家畜，她咯咯咯地飞入鸡栏里过夜去了；花儿也倦了，有些已把花瓣闭起来，夏天的微风轻轻地摇荡着她们的花瓣；营营的昆虫们也都回去了，太阳很快地往西落下。只有小黄脚望着夕阳，痴痴地呆站着。

"是睡觉时候了。"他的妈妈说，"告诉我，你小小的鸡儿，想些什么？"

小黄脚慢慢地跑到妈妈的身边，在将要躲进妈妈的翼下时，他说道："我在想，亲爱的妈妈，在想'有些生来要在水上行走，有些生来要住在陆地上'这一句话。"

麻鸡的故事

她名叫做麻鸡，因为她雪白的毛上满满地有着无数的黑点子。她的窝儿里有许多可爱的蛋儿，正和你们有着许多小洋人儿一般。她的窝儿是在谷仓里的大木箱子里，箱子里装满了干草，蛋儿放在上面是柔软和温暖。蛋儿上面还有些更软和更暖的东西呢，你们猜得着是什么东西吗？那便是麻鸡自己！她坐在窝儿上面，十分当心着，不让那些蛋儿碰碎。

整天她都在那儿蹲着，牛儿马儿到谷仓来了，别的鸡儿们睡觉去了，这些她都不管，她唯一的事情，便是保护着蛋儿，让他们不受着冷。

第二天清早，农夫还不曾到谷仓里来，大冰，那一匹大马，自马厩里伸出鼻子来向麻鸡说道："以前我从不曾看见过你在那儿呢！你在干什么咧？"

"我在暖着我的蛋儿呢！"麻鸡得意地说。

"哞哞！"那只老红牛说，"田里的草儿青青，你难道不想到外面去吗？"

"噢，不！"麻鸡说，"我不离开我的蛋，我必须守在这里，暖着他们。"

不一会儿，农夫到仓里来了。

"那是小麻鸡吗？他说着，走近角落里的木箱子。以前麻鸡是不怕农夫的，可是现在，她担心着她的宝贝蛋儿，不由在喉咙里"咕"地叫了一声，竖起了周身的羽毛。

"啊呵！啊呵！"农夫慈祥地走开了，"不要怕，我不来碰你的蛋。"说着，他做自己的事情去了。

牛儿们挤完了奶，放到牧场上去，马儿们驾上车去做他们日常的工作。

仓里静静的，可是不一会儿，狗儿阿飞进来了，很奇怪地看着麻鸡。

"别的母鸡都吃早餐了，"他说，"小阿勃给了她们一顿谷饭，快些去吧，不然可赶不上了。"

"我不能去！"麻鸡说，她肚子也实在是很饿，"我必须坐在这里暖着我的蛋儿。"

阿飞惊异得很。他不知说些什么话才好。

"慢些我会去的，"麻鸡说，"我不能这样饿着肚子，离开一刻是无妨的。"

麻鸡伸直了四肢，睡在太阳地里想心思，可是暖暖的太阳曝着，麻鸡睡去了。

不久，仓里有几只燕子在飞翔，突然有一只飞下来，飞得这样近，那翼子是扇着了安静的麻鸡，这把麻鸡惊醒了，可是这也不过是一刻的事儿，因为燕子站在木箱边上合拢翼子，态度是这样的安静客气。

"我知道你为什么要蹲在那儿，"她说，"是不是一个可爱的秘密——蛋儿的秘密？我的丈夫和我已经把窝儿拾掇好了——就在这上面——我也将和你一般要坐着温暖我的小蛋。"

吱嘹，燕子攫了一把干草飞去了，显然她是停久了忙得很。

麻鸡睁了睁眼睛对她无可奈何，看着她飞到头上一个暗暗的角落里不见了。

一点钟一点钟地过去，又到了夜晚，麻鸡只离开了她的窝儿一次，去吃一点儿食物和喝一口水，因为实在太饿和太渴了，但也不敢逗留得太久。她的腿也坐得僵硬和痉挛了，这样单独地蹲着，比在鸡群里和许多朋友一起真是要不惯得多。可是她仍是很快乐，她觉得世界上是没有东西可以使她离开她的宝贝蛋儿。

第二天，小阿勃跑到仓里来了。

"你在哪里，麻鸡？"她说。她找来找去，一直找到了

那角落里。"你在这儿，我的小东西。爸爸说，你昨夜在这儿弄了个窝，我给你带来早饭和一盆子水了。"

自然麻鸡不会说话，可是也懂得感谢的。自那天以后，小阿勃每天带把谷来，和在盆子里，贮满了清水放在箱子旁边，这样，麻鸡跳出来便可以吃着，吃完又可立刻回到箱子里，不用随处找吃食了。

从前，麻鸡在农场里跑来跑去和晚上宿在鸡窝里的生活，好像过去很久了，现在，她是要在蛋儿上蹲三个星期——日日夜夜地蹲着，吃喝着阿勃给她带来的谷和水。

三个星期，已经是最末一天了——第二十一天——奇怪的事情可也来了。

　　麻鸡听到一些很微弱的声音，像是在她胸底下的蛋儿里出来的，好像蛋壳要裂开来的样子。麻鸡听着等着，一会儿她觉着有些东西在动了，她立刻知道出了什么事情。你们知道吗?

　　一只小鸡自一个蛋里出来了。二十一天里，他一天一天地生长，直到长完全了，便碎壳出来。接着，一只又一只的，碎了他们美丽的壳，直到窝里装满了十只狡猾的小鸡。这些小鸡都是长着一身柔软的黄毛，生就一双橙黄的脚，他们骨碌碌地闪着亮晶晶的眼睛，在看这一个新的世界。

　　麻鸡的快乐可想而知了。所有这些美丽的活泼的小宝贝都是她的——她自己的。她开始温柔地咯咯地叫着，叫出一种她从不曾叫过的调子，这种调子完全是从她心里发出来的，她爱她的孩子。而小鸡们呢，他们听见了妈妈的叫声，便都在她温暖的翼下吱吱地应着，他们只会叫着吱吱，可是麻鸡是多么地爱听他们叫啊!

　　她把他们抱了一会儿，他们预备到外面去散步了。麻鸡很骄傲地踏出箱子。她走一步，咯地叫一声。小鸡们奇怪地看着四周的东西，紧紧地追随着妈妈的脚步。

他们行着，路上遇着了农夫赶着大冰，麻鸡大声地咯着，恐怕小鸡们跑到路当中，给老马踏着了。这个给农夫听见了。

"呵，呵，麻鸡！很好很好。"他说，一边数着十只鸡雏儿！

大冰不说什么话，他只是转着眼睛看了看麻鸡，意思好像说着和农夫一般的话。

麻鸡领着她的孩子向农舍走去。这条路上的一边便是牧场，她有意要走向那边，好让牛儿们看见她的孩子。果然，那牛群里的最年长的牛太太正站在栏栅上，低着头儿吃草，麻鸡大声地咯着，教小鸡们不要跑进牧场里。牛太太也像老马大冰般不会说话，可是她把头伸出栏外深深地叫了几声，摇摆着尾巴，麻鸡懂得，这便是牛太太在赞美她的小鸡了。

狗儿阿飞比牛儿马儿更惊喜，因为他到农场里还没有多少时候，他还是第一回看见小鸡雏呢！他以为麻鸡找到了一大队金丝雀，那些和阿勃养在笼子里一般的金丝雀。他远远地跑在麻鸡前头，大声地吠叫。小鸡们看见这一个吵叫的巨物不由大骇，前前后后、左左右右地簇拥到妈妈身边，纷纷

地向着妈妈的翼下钻，麻鸡轻轻地咯着，爱抚着他们。小阿勃开开门来，看看阿飞吠些什么，麻鸡领着鸡雏跨进门槛，狗儿看着阿勃的面孔，好像说道："看，我喊你出来不好吗？"

阿勃快乐得只是叫和跳。她轻轻地静静地跑近麻鸡，给了他们一把谷和一些水，于是小鸡们也不害怕了。

他们吃着的时候，农夫带着一只新的鸡笼走过来，他把鸡笼放在一棵樱桃树下。

"噢，爸爸是给麻鸡的吗？"阿勃问。

"是的，是给麻鸡的，"农夫说，"如果我不把她放进鸡笼里，她将领着她的鸡雏满院子走。"

于是，麻鸡被放进鸡笼里了。小鸡们稍微跑远了一点儿，她便担心地喊着，鸡儿们听到了妈妈的声音，立刻又从笼子的栏里跑进来，躲在她的翼下。躲了一会儿，这些活泼的小鸡耐不住，又窜到外面来了。麻鸡看守着他们，喊着他们，担心地，把头伸出在栏外。

忽然一只鸟儿飞过，飞得很低，麻鸡大骇，以为有什么东西要来伤害她的小鸡。鸟儿飞过去了，麻鸡才看清楚那是她的朋友，谷仓里的燕子，那是曾经在她孵蛋时，和她谈过天的。

"看，看！看，看！"麻鸡大叫，叫燕子看她的小宝贝。燕子回过头来，正和麻鸡一般的快乐，她也有喜信要报告给别人呢！

"喜，喜，喜，"她唱道，"我蛋儿上面坐久了，现时小鸟儿一窝子。"

呼哨，她飞去了，小小的燕子们正待着她呢！